Silke Kobold

Wenn die Blätter fallen...

Herbstliche Fenster- und Wandbilder

frechverlag

Weitere Titel aus dem Programm des frechverlages:

TOPP 2228

TOPP 2232

TOPP 2229

TOPP 1857

TOPP 2008

TOPP 2182

Fotos: frechverlag GmbH + Co. Druck KG, 70499 Stuttgart; Fotostudio Weisensel, Stuttgart

Auflage: 5. 4. 3. 2. 1. | Letzte Zahlen
Jahr 2001 2000 1999 98 97 | maßgebend

ISBN 3-7724-2233-0 · Best.-Nr. 2233
Druck: frechverlag GmbH + Co. Druck KG, 70499 Stuttgart

Der Herbst -

diese Jahreszeit weckt zweierlei Gefühle: Einerseits hat er die schönsten und wärmsten Farben von allen Jahreszeiten, andererseits ist dann der warme Sommer vorbei, die Tage werden kürzer, und man muß sich auf Regen und Kälte gefaßt machen.

Manch einer aber weiß die Herbstzeit gut zu nutzen und setzt sich an den Basteltisch. Denn Fensterbilder mit Herbstmotiven sind keinesfalls ein trübe Sache, da man dank der wunderbaren Künstlerkarton- und Fotokartonfarben und dem durchscheinenden Transparentpapier die ganze Hülle, Fülle und Farbenpracht dieser Jahreszeit einfangen kann.

Und wenn dann der Herbst im November so richtig grau und trübe wird, können wir uns an den Fensterbildern erfreuen, welche die vielen schönen Seiten des Herbstes zeigen.

Eine angenehme Herbstzeit mit vielen Bastelstunden wünscht Ihnen

Silke Kobold

Material und Werkzeug

- *Künstlerkarton oder wahlweise Fotokarton*
- *Transparentpapier (Drachenpapier)*
- *Architektenpapier*
- *Weicher und harter Bleistift*
- *Dünner Filzstift (dokumentenecht)*
- *Klebestift (z. B. UHU stic)*
- *Schaschlikstäbchen*
- *Cutter (Papierschneidemesser)*
- *Schneideunterlage*
- *Schere*
- *Hefter*
- *Lochzange (Pilze, S. 32)*
- *Stecknadel*

Karton

Fast alle Motive dieses Buches sind für verschiedene Ausführungen geeignet. Sie können einfarbig aus einem stabilen Karton gearbeitet, mit Transparentpapier oder mit einem Bogen einfarbigen Kartons hinterklebt werden.

Für die einfarbige Variante sollten Sie für das Motiv wegen der Stabilität Fotokarton verwenden, für das Hinterkleben mit transparentem Papier doppelt gelegten Künstlerkarton oder ein ähnliches Material (z. B. Tonkarton oder Tonpapier), welches man leicht doppelt ausschneiden kann. Diese Vorgehensweise ist ebenfalls beim Hinterkleben mit Transparentpapier (z. B. Herbstwald, S. 29) sinnvoll.

Tip

Einige der in diesem Buch gezeigten Bilder sind sehr groß. Das ist zwar sehr dekorativ, hat aber den Nachteil, daß sich diese Motive bald aushängen, wenn man sie an einem Faden am Fenster befestigt. Deshalb sollte man sich entweder die Mühe machen, den äußeren Rahmen durch einen zusätzlich zugeschnittenen Karton zu verstärken, oder man verzichtet ganz auf das Aufhängen mit einem Faden.
Statt dessen können Sie Ihr Fensterbild mit ein paar zusammengerollten Klebestreifen direkt an der Fensterscheibe befestigen. Die Klebestreifen lassen sich mit ein wenig Vorsicht später wieder gut von dem Motiv entfernen; am Fenster verbliebene Klebereste können mit einem Glasschaber beseitigt werden.

Transparentpapier

Da einige Motive recht groß sind, sollten Sie sich einen Vorrat an farbigem Transparentpapier zulegen. Die häufig angebotenen Hefte mit vielen Farben sind wenig geeignet, weil die Bogen zu klein sind (ca. A4, 20 cm x 30 cm).

Im gut sortierten Fachhandel finden Sie Transparentpapier in großen Bogen (35 cm x 50 cm oder 70 cm x 100 cm) und manchmal sogar ca. viermal größer als A3-Format (70 cm x 200 cm). Zudem ist es oft sinnvoll, das Transparentpapier doppelt aufzukleben, damit die Farben intensiver erscheinen (z. B. bei der hier oft verwendeten Farbe Gelb).

Für warme Herbsttöne wirken einige der angebotenen Farben zu kalt. Mischt man die Farben durch Übereinanderlegen des Transparentpapiers miteinander, so entstehen sehr schöne Farbtöne. Dieser Arbeitsgang ist sehr spannend und wird Ihnen sicherlich viel Freude bereiten. Beispielsweise werden für ein warmes dunkles Grün zwei Lagen der Farbe Braun und eine Lage Dunkelgrün verwendet. Der geringe Mehraufwand wird durch eine wesentliche Verbesserung des farblichen Ausdrucks belohnt.

Auf Seite 28 habe ich einige Beispiele für Farbkombinationen zusammengestellt.

Tip

Zum Hinterkleben ist auch Regenbogen-Transparentpapier geeignet. Es ist in verschiedenen Größen im Fachhandel erhältlich.

Tips und Tricks

1. Werfen Sie die Reste des Transparentpapiers nicht weg. So manch zauberhaftes Motiv läßt sich für Kinderhände noch daraus arbeiten (z. B. kleines Ahornblatt, S. 24).

2. Statt Transparentpapier können Sie auch farbige Fensterfolie verwenden. Diese hat den Vorteil, daß sie lichtecht ist. Allerdings ist sie teurer als Papier und muß mit einem speziellen Klebstoff angebracht werden.

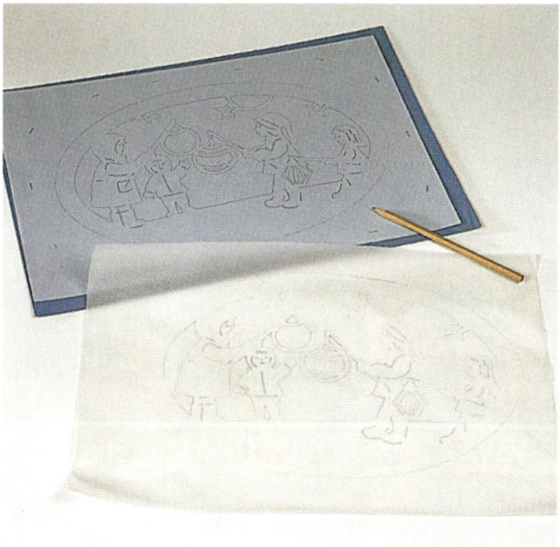

Das Übertragen der Vorlagen

Legen Sie das Architektenpapier auf die entsprechende Zeichnung des Vorlagenbogens, und übertragen Sie die Linien mit einem weichen Bleistift. Nun wendet man das Architektenpapier und fixiert es mit ein paar Klebestreifen auf dem Bastelkarton. Ziehen Sie die Linien nochmals mit einem harten Bleistift nach. Dadurch werden die Linien des weichen Bleistifts auf den Karton durchgedrückt.

Als zweite Möglichkeit, Vorlagen zu übertragen, bietet sich an, die Zeichnung des Vorlagenbogens zu kopieren. Die Kopie wird dann auf ein Stück Fotokarton geklebt, und die Felder werden mit dem Cutter herausgeschnitten. Sie erhalten so eine immer wieder verwendbare Schablone, die zudem das Original sehr genau wiedergibt.

Doppeltes Ausschneiden

Wenn Sie, wie bei vorliegenden Motiven gezeigt, den Karton doppelt ausschneiden wollen, müssen Sie nur die beiden Bogen rundherum mit Heftklammern aneinander befestigen. Dasselbe gilt für größere Transparentpapier-Flächen.

Kleine Teile aus Transparentpapier können Sie problemlos übereinanderlegen, da sich diese gut doppelt und sogar dreifach ausschneiden lassen, ohne daß man sie zusammenheften muß.

Das Herausschneiden der Felder

Für diesen Arbeitsgang benötigen Sie eine geeignete Schneideunterlage. Ersatzweise können Sie auch eine feste Pappe (z. B. die Rückseite eines Zeichenblocks) verwenden. Der Cutter (Papierschneidemesser) sollte am besten eine auswechselbare Klinge haben. Die Klinge sollte stets scharf sein, damit ausgefranste Schnittränder vermieden werden. Zudem können Sie dann die Schnitte exakter setzen und belasten Ihr Handgelenk nicht so stark.

Damit Sie den Verlauf der Schnittlinie besser verfolgen können, sollte diese immer vor der Klinge liegen.

In der Regel werden die in der Mitte des Motivs liegenden Felder zuerst herausgearbeitet. Teile wie Gesichtszüge oder z. B. die Innenlinien der Bekleidung von Figuren, werden immer herausgeschnitten, bevor die Umrisse bearbeitet werden. Außerdem wird, wann immer möglich, die Linie des nächsten auszuschneidenden Feldes zuerst geschnitten, welche dem vorhergehenden Feld am nächsten liegt.

Die genauen Angaben zur Schneidefolge befinden sich bei den jeweiligen Beschreibungen zum Motiv.

Das Hinterkleben

1. mit Transparentpapier

Legen Sie das Transparentpapier auf das mit diesem auszufüllende Feld, und zeichnen Sie mit einem dünnen Filzstift (am besten eignet sich ein dokumentenechter Stift) die Umrisse auf den Kartonstegen nach. Nun legt man die gewünschten Farben übereinander und schneidet diese zusammen aus.

Bei schmalen Stegen ist die Fläche des Klebestifts oft zu breit. Hier können Sie durch den Gebrauch eines Schaschlikstäbchens vermeiden, daß Klebstoff auf die Vorderseite des Motivs gerät.

2. mit Karton

Hierfür eignet sich Künstlerkarton in helleren Farbtönen. Er läßt, falls Sie das Motiv am Fenster aufhängen wollen, das Licht noch ein wenig durchscheinen.

Kleben Sie das ausgeschnittene Motiv auf den gewünschten Hintergrund, und schneiden Sie die Außenlinien nochmals mit dem Cutter oder der Schere nach.

Das fertige Fensterbild „Kinder mit Laternen“

Tip:

Hat Ihr Kind eine Lieblingslaterne? Dann ändern Sie doch einfach eine der auf diesem Bild gezeigten Laternen in Form und Farbe ab. Ihr Kind wird sich bestimmt darüber freuen, seine Laterne auf einem Fensterbild wiederzufinden! Nehmen Sie hierfür einen Kartonrest, und zeichnen Sie die gewünschte Form auf. Sie sollte ungefähr die Größe der gezeigten Laterne besitzen. Zeichnen Sie auch die Innenlinien auf, und schneiden Sie mit dem Cutter die zu beklebenden Flächen heraus. Beim Abzeichnen der Vorlage setzen Sie nun Ihren Entwurf an der entsprechenden Stelle ein.

Kinder mit Laternen

In manchen Gegenden ist es üblich, mit Laternen zum Martinssingen zu gehen. Aber auch sonst macht es Kindern Spaß, sich möglichst mit einer selbstgebastelten Laterne den Weg zu leuchten.
Dabei kann man leicht vergessen, wie kalt es eigentlich schon ist!

Auf Seite 9 ist die Ausführung mit schwarzem Karton und Transparentpapier zu sehen; auf Seite 11 führen die Kinder ihre Laternen in blauem und weißem Karton vor. Für die Version in Blau wurde das Motiv seitenverkehrt verwendet.

Schneidefolge

- ✂ Innenlinien der Gesichter und der Kleidung
- ✂ Innere Felder der Laternen, des Mondes und der Sterne
- ✂ Restliche Felder
- ✂ Außenrand

Kastanienblätter

Die Kastanie ist wohl der bekannteste und beliebteste Baum des Herbstes. Die Früchte sind schön glänzend braun und schmeicheln der Hand. Außerdem lassen sich aus den Kastanien die abenteuerlichsten Figuren basteln, und sie können auch im Winter zu den Futterstellen der Waldtiere gebracht werden.

Ich habe mehrere Variationen dieses sehr ornamental wirkenden Motivs gearbeitet. Auf dem Bild links sind die aufwendigen Innenschnitte weggelassen. Dieses Fensterbild entwickelt sein Flair erst durch das transparente Papier. Rechts ist eine Version ganz in Weiß zu sehen, die auch ohne das Hinterkleben eine ansprechende optische Wirkung erzielt.

Schneidefolge

- In der Mitte des Motivs mit der Frucht und den sie umgebenden Feldern beginnen
- Innere Linien der Blätter
- Innere Stachel der Früchte, erst dann deren äußere Umrandung schneiden
- Zu den Rändern des Bildes hinarbeiten und dabei Blatt für Blatt ausschneiden
- Große Felder, die an den Rahmen grenzen
- Außenrand

Mädchen mit Schirm

Ob der pitschnasse Hund wohl mit unter den Schirm will?
Hier verbreitet inmitten des trüben Wetters der neue Regenschirm eine warme Farbigkeit und läßt auf den bunten Regenbogen nach dem Schauer hoffen.

Schneidefolge

- Mit einer Nadel das Muster in den Rock stechen
- Innenlinien des Kopfes und der Kleidung
- Innenlinien des Hundes und der Pfützen
- Regentropfen jeweils vom äußeren Rand des Bildes ausgehend nach innen schneiden
- Innenfelder des Regenschirms
- Außenrand

Herbstliche Variationen eines Baumes

Abbildung Seite 16/17

Dieser Herbstbaum wird – sowohl einfarbig als auch mit bunten Transparentpapier-Resten hinterklebt – zu einem dekorativen Blickfang an Ihrem Fenster oder im Raum.

Für die einfarbige Ausführung dieses Motivs benötigen Sie einen Bogen stabilen Karton (z. B. Fotokarton).

Für die farbige Ausgestaltung heften Sie zwei Lagen Künstlerkarton mit Heftklammern zusammen und schneiden mit dem Cutter die Felder wie in der Schneidefolge beschrieben heraus.
Nehmen Sie nun einen Bogen weißes Transparentpapier, welcher etwas größer als das Gesamtmotiv sein sollte, zur Hand, und bekleben Sie diesen mit vielen bunten Transparentpapier-Resten. Diese sollten möglichst nicht geschnitten, sondern gerissen werden. Wenn Sie den Bogen fertig beklebt haben, befestigen Sie ihn mit Heftklammern zwischen den beiden Lagen des bereits ausgeschnittenen Motivs. Nun müssen alle Felder ausgenommen der Innenflächen der Blätter und der Felder unterhalb der Wurzel nochmals ausgeschnitten werden. Für diesen Arbeitsschritt sollten Sie unbedingt eine neue, scharfe Klinge benutzen. Beim Herausschneiden der beiden großen Flächen unterhalb der Baumkrone erhalten Sie zwei große Transparentpapier-Reste. Diese werden für den Hintergrund (Wiese) verwendet.

Verbinden Sie nun die drei Teile des Bildes miteinander (Karton – Transparentbogen – Karton). Dabei brauchen Sie nicht alle Stege des Kartons mit Klebstoff zu bestreichen. Es genügt, wenn Sie den Rahmen und einige dickere Äste mit Klebstoff versehen.

Schneidefolge

- ✂ In der Mitte des Baumes mit den Innenflächen der Blätter und den an diese angrenzenden Feldern beginnen
- ✂ Von dort ausgehend in alle Richtungen zum Rahmen des Bildes hin arbeiten
- ✂ Restliche Felder der Blattkrone
- ✂ Felder zwischen den Wurzeln
- ✂ Außenrand

Drachenwetter

Drachen steigen zu lassen ist nicht nur für Kinder ein herbstliches Vergnügen! Inzwischen versammeln sich wieder jung und alt auf Wiesen und Feldern, um ihre oft sogar selbst hergestellten Windspiele in der Luft tanzen zu lassen.

Schneidefolge

- ✂ Gesicht des Drachens, dabei mit der Nase beginnen, anschließend Mund, Augen und Wangen und die restlichen Innenfelder
- ✂ Innenfelder der Schleifen
- ✂ Innenfelder der Häuser und Bäume
- ✂ Großer Baum im Vordergrund
- ✂ Wiese und die Felder zwischen der Halteleine und dem Drachenschwanz
- ✂ Restliche Flächen
- ✂ Außenrand

Beim Hinterkleben dieses Motivs wird zunächst das ganze Bild mit weißem Transparentpapier bedeckt. Füllen Sie die farbig gehaltenen Felder aus, und schmükken Sie zum Schluß den Schwanz mit Schleifen aus Resten.

Für die Augen werden aus schwarzem Karton zwei Kreise (siehe Vorlagenbogen) ausgeschnitten und an der entsprechenden Stelle fixiert.

Die Früchte des Herbstes

Nur der Herbst hat Obst in einer solchen Vielfalt zu bieten! Beim Anblick dieses prall gefüllten Korbes bekommt man gleich Lust auf einen großen Biß in die Äpfel, Birnen, Trauben ...

Schneidefolge

- Muster der Schale
- Untere Weintrauben in der Mitte des Bildes
- Von dort ausgehend zum Rand des Bildes hinarbeiten
- Außenrand

Ahornblätter

Von allen Blättern, die man im Herbst auf den Wegen finden kann, haben die der vielen verschiedenen Ahornarten die interessantesten Formen und oft auch sehr schöne Farben. Die hier gezeigten Ahornmotive können auf vielfältige Weise variiert werden.

Großes Ahornblatt

Abbildung Seite 22/23

Hier dient die äußere Form eines Ahornblattes als Rahmen für zahlreiche andere Blätter und Früchte. Sehr dekorativ wirkt es auch einfarbig in Weiß.

Wer allerdings die warmen Farben des Herbstes schätzt, wird sich die geringe zusätzliche Mühe machen, die Früchte farbig zu hinterkleben und zum Abschluß die gesamte Fläche mit einem Bogen Transparentpapier in Goldgelb zu beziehen.

(Fortsetzung Seite 24)

(Fortsetzung von Seite 23)

Eine sehr schöne und zusätzlich auch noch der Stabilität dieses großen Motivs dienende Ausführung ist die Möglichkeit, statt des Transparentpapiers einen Bogen hellfarbigen Künstlerkarton zum Hinterkleben zu verwenden.

Schneidefolge

- ✂ Mit einer Stecknadel Muster in die Eicheln stechen
- ✂ Innere Felder der Früchte am Stiel, der Haselnüsse, der Vogelbeeren und der Kornelkirschen
- ✂ Von den umliegenden Feldern der Früchte vom Stiel ausgehend in allen Richtungen weiterarbeiten; dabei immer beachten, daß die inneren Linien der Blätter zuerst ausgeschnitten werden müssen
- ✂ Außenrand

Kleine Ahornblätter

Abbildungen Seite 22/23, 24 und 25

Die kleinen Ahornblätter wurden in drei verschiedenen Variationen gearbeitet: In einem Dreier-Ensemble (Abbildung Seite 22/23), in Rot mit Transparentpapier (Abbildung links) und in Schwarz mit und ohne Transparentpapier (Abbildung rechts).

Das Ahornblatt in Rot eignet sich gut für eine Gemeinschaftsarbeit mit Kindern. Die inneren Stege werden weggelassen und zuerst nur der innenliegende Rand des Rahmens mit dem Cutter herausgeschnitten. Dann wird der äußere Umriß grob mit einer Schere ausgeschnitten und das gesamte Blatt zunächst mit gelbem Transparentpapier hinterklebt. Nun können die Kinder aus Transparentpapier-Resten das ganze Blatt bekleben. Zum Schluß wird die äußere Begrenzung sauber ausgeschnitten.

Schneidefolge

- ✂ Felder am Stielansatz
- ✂ Von diesen Feldern ausgehend die Schneidelinien nach allen Seiten hingehend zu den Spitzen des Blattes arbeiten
- ✂ Außenrand

Herbstfrau

Die ganze Fülle des Herbstes zeigt diese Frau mit ihrem Hut. Das Motiv entfaltet in der einfarbigen Ausführung ohne Transparentpapier die beste Wirkung.

Schneidefolge

- ✂ Gesichtszüge
- ✂ Haarblätter von der Stirn ausgehend zum Nacken
- ✂ Weintrauben am Hutrand
- ✂ Schleife
- ✂ Innenfelder Beeren am rechten Hutrand
- ✂ Vom unteren Hutrand ausgehend nach oben hinarbeitend die Felder ausschneiden
- ✂ Außenrand

Alle Farben des Herbstes

Ein Spaziergang im sonnigen Herbstwald ist etwas ganz Besonderes. Denn nie wirkt das Farbenspiel der Natur im milder gewordenen Tageslicht anregend und beruhigend zugleich wie in dieser Jahreszeit.

Tip

Farbkombinationen für Transparentpapier

Pflaumenblau –	1x dunkles Violett 1x dunkles Blau
Helles Orange –	1x helles Grün 1x Orange
Warmes Gelb –	2x Goldgelb
Tannengrün –	1x Braun 1x Dunkelgrün
Helles Braun –	2x Orange 1x Dunkelgrün
Grasgrün –	2x Goldgelb 1x dunkles Grün

Schneidefolge

- ✂ Innenflächen der Bäume vom äußeren linken Rand zur Mitte des Bildes hin
- ✂ Innenfeld Sonne und einzelner Baum
- ✂ Wiese von oben nach unten
- ✂ Himmel
- ✂ Außenrand

Für das Hinterkleben mit Transparentpapier bieten sich zwei Versionen an. Bei dem Fensterbild rechts oben wurde jeder Baum einzeln hinterklebt. Es besteht aber ebenso die Möglichkeit, die beim Baum auf Seite 15 beschriebene Technik anzuwenden.

Ringelblumen

Diese Pflanze blüht vom Sommer bis in den späten Herbst hinein und ist nicht nur wegen der leuchtenden Farben der Blüten, sondern auch wegen ihrer besonderen Heilkraft ein beliebtes Kraut in vielen Gärten.

Schneidefolge

- ✂ Mitte der orangefarbenen Blütenkörbchen am oberen Bildrand, dann deren Blütenblätter
- ✂ Andere Blüten
- ✂ Restliche Felder
- ✂ Außenrand

Fliegenpilze

Der Fliegenpilz ist nur einer der zahlreichen Pilzarten, welche im Herbst in den Wäldern zu finden sind, und trotz seiner Ungenießbarkeit ist er einer der beliebtesten. Ob das wohl an seiner kräftigen Farbe liegt?

Schneidefolge

- ✂ Innere Linien der Gräser
- ✂ Innere Felder der Blätter und der Steine
- ✂ Innere Felder der Pilze
- ✂ Restliche Flächen
- ✂ Außenrand

Die Hüte der Pilze werden folgendermaßen gestaltet: Heften Sie zwei Teile rotes Transparentpapier, welches deutlich größer als die zu beklebende Fläche sein sollte, zusammen. Nun wird mit einer Lochzange das Pünktchenmuster eingestanzt.
Wenn Sie das Transparentpapier vorsichtig ein bißchen in Richtung des Zangengelenks schieben, können Sie auch Punkte in die Mitte des Hutes setzen. Nach diesem Arbeitsschritt heften Sie ein Blatt weißes Transparentpapier dazu und schneiden dann die drei Lagen zusammen aus.

TOPP 2233

Von allen Jahreszeiten hat der Herbst die schönsten Farben, die Silke Kobold mit ihren stimmungsvollen Fensterbildern eingefangen hat. Da leuchten die herbstlichen Ahorn- und Kastanienblätter, Kinder zeigen am St. Martinstag ihre selbstgebastelten Laternen, bunte Drachen steigen in den Himmel, und in die Früchte im prall gefüllten Obstkorb möchte man am liebsten hineinbeißen! Die Motive können nach Belieben mit oder ohne Transparentpapier gearbeitet werden. Schmücken auch Sie Ihre Fenster mit diesen farbenfrohen Bildern, damit diese Jahreszeit noch bunter wird!

ISBN 3-7724-2233-0

TOPP

Meister Lampe & seine Freunde

Kinderleichte Osterszenen aus Tonkarton

Armin Täubner

Mit Vorlagen in Originalgröße